青海省地方标准

多年冻土区　通风管路基技术规范

Technological Code for Ventilated-duct Subgrade in Permafrost Regions

DB63/T 1490—2016

主编单位:青海省交通科学研究院
批准部门:青海省质量技术监督局
实施日期:2016 年 06 月 01 日

人民交通出版社股份有限公司

图书在版编目（CIP）数据

多年冻土区通风管路基技术规范：DB63/T 1490—2016／青海省交通科学研究院主编. — 北京：人民交通出版社股份有限公司，2017.5

ISBN 978-7-114-13765-5

Ⅰ. ①多… Ⅱ. ①青… Ⅲ. ①冻土区—通风管道—公路路基—技术规范—中国 Ⅳ. ①U416.1-65

中国版本图书馆 CIP 数据核字（2017）第 077989 号

标准类型：青海省地方标准
标准名称：多年冻土区 通风管路基技术规范
标准编号：DB63/T 1490—2016
主编单位：青海省交通科学研究院
责任编辑：丁 遥 张 鑫
出版发行：人民交通出版社股份有限公司
地　　址：（100011）北京市朝阳区安定门外外馆斜街 3 号
网　　址：http://www.ccpress.com.cn
销售电话：（010）59757973
总 经 销：人民交通出版社股份有限公司发行部
经　　销：各地新华书店
印　　刷：北京市密东印刷有限公司
开　　本：880×1230 1/16
印　　张：0.75
字　　数：17 千
版　　次：2017 年 5 月 第 1 版
印　　次：2017 年 5 月 第 1 次印刷
书　　号：ISBN 978-7-114-13765-5
定　　价：20.00 元

目　　次

C5.3 辅助防护结构

C5.3.2 自控风门通风管降温效果

为进一步增强通风管路基的降温效果,在通风管两侧(或一侧)安装自控风门装置(图C.1)。自控风门装置是根据金属的热胀冷缩性能设置的自动开关风门。暖季期,金属片受热伸展而推动风门,关闭通风管进风口,寒季期,金属片冷却收缩而拉动风门,使风门张开。通过自控风门有效阻挡暖季热空气进入通风管,进一步提高通风管路基的降温效果,该措施具有长期使用的有效性。

图C.1 通风管路基自控风门装置

C5.3.3 "透壁式"通风管使用效果

目前路基内埋设的通风管管壁主要为无孔密封,依靠较大的冷空气密度,在自然对流及风力的作用下带走管内的热空气,并通过冷空气与管壁间的热传导方式来降低路基地温。"透壁式"通风管在管壁开孔,使冷空气通过开孔传入管外周围介质,直接进行传导和对流换热,加速路基的降温效果。

如果采用"透壁式"通风管(图C.2),管外应包裹一层土工布。"透壁式"通风管可按通风管的管径、接口设计,在满足通风管强度要求条件下,孔眼直径尽量大,通常采用50mm、"梅花形"布孔。为防止管周土颗粒进入管内,影响通风效果,应在"透壁式"通风管外包裹一层透气性强的纱网。

图C.2 预制"透壁式"通风管

目　次

前　　言

本标准按照GB/T 1.1—2009给出的规则起草。

本标准由河南省交通运输厅提出。

本标准起草单位:河南省交通规划设计研究院股份有限公司、京港澳高速公路漯河至驻马店改扩建工程项目部、京珠国道主干线郑州至漯河高速公路改扩建工程项目部、河南省高速公路养护智能决策工程研究中心、河南交科公路研究院有限公司、河南省交院工程检测加固有限公司。

本标准主要起草人:王笑风、秦建军、刘东旭、刘强、郝孟辉、位军、刘志科。

本标准起草参加人:杨博、黄杰、张晓炜、陈民权、李友好、李刚、刘鑫、刘雯、白顺成、赵彩菊、李二兵、张庆、李清斌、王新生、杜鹃、张宏涛、陈卫军、陈治君、张浩、王建辉、康存利、方勇、王燕、彭磊、田文杰、李磊、张海洋、李岩芳、李旭瑞、王健、王场、杨建锋、杨素通、李丛、王晔晔、刘莎、石萌萌、王小勇、周昂。

公路改(扩)建旧路路基路面技术状况检测与评价

1 范围

本标准规定了公路改(扩)建旧路路基路面技术状况检测与评价的术语和定义、一般规定、旧路基础资料调查、检测项目与方法、技术状况评价以及检测评价报告编制。

本标准适用于各等级公路改(扩)建工程,市政、厂区等其他道路改(扩)建工程可参照执行。

2 规范性引用文件

下列文件对于本文件的应用是必不可少的。凡是注日期的引用文件,仅注日期的版本适用于本文件。凡是不注日期的引用文件,其最新版本(包括所有的修改单)适用于本文件。

JTJ 073.1 公路水泥混凝土路面养护技术规范
JTJ 073.2 公路沥青路面养护技术规范
JTG C20 公路工程地质勘察规范
JTG D30 公路路基设计规范
JTG D40 公路水泥混凝土路面设计规范
JTG D50 公路沥青路面设计规范
JTG E20 公路工程沥青及沥青混合料试验规程
JTG E30 公路工程水泥及水泥混凝土试验规程
JTG E40 公路土工试验规程
JTG E51 公路工程无机结合料稳定材料试验规程
JTG E60 公路路基路面现场测试规程
JTG F80 公路工程质量检验评定标准
JTG H10 公路养护技术规范
JTG H20 公路技术状况评定标准

3 术语和定义

下列术语和定义适用于本文件。

3.1

弯沉差

水泥混凝土路面、复合式路面混凝土板横向接缝或裂缝两侧板边弯沉值的差值。

3.2

横向裂缝指数(TCI)

100m 路段内贯穿整车道路面横向裂缝的数量。

3.3

横向裂缝平均间距(TCMS)

100m 路段内贯穿整车道路面横向裂缝的平均间距。

3.4

网裂面积率(NCAR)

100m 路段内路面网裂、龟裂病害的面积占路面面积的百分比。

3.5

修补面积率(PAR)

100m 路段内路面修补的面积占路面面积的百分比。

3.6

破损板率(BSR)

100m 路段内水泥混凝土路面破碎板、断裂板以及边角破损板的块数占路面板块数的百分比。

4 一般规定

4.1 公路改(扩)建工程的各个设计阶段应根据设计需要选择不同的检测项目及频率。

4.2 高速公路、一级公路路面检测应优先采用无损检测方法,其他等级公路路面检测参照执行。

5 旧路基础资料调查

5.1 基础数据

基础数据包括设计文件、施工资料、交竣工资料、养护管理信息、交通状况等。

5.2 历年路面检测资料

历年路面检测资料包括路面车辙、破损状况、弯沉、平整度、横向力系数等。

5.3 养护历史资料

5.3.1 运营期间路基路面专项养护及大中修实施情况。

5.3.2 根据设计文件、交竣工资料和养护历史数据认定现有路面结构形式。

5.4 交通量调查

进行项目历史交通量、交通组成、车辆轴载等数据调查,并符合以下原则:

a) 交通组成数据应至少包含近 3 年的调查资料;

b) 轴载谱数据应采用专用轴载调查设备进行连续观测,若条件不具备,可进行抽样调查。

6 检测项目与方法

6.1 一般规定

6.1.1 宜选择最不利季节进行检测,检测与设计时间间隔超过 6 个月时应重新检测。

6.1.2 对沿线排水设施应进行专项调查。

6.2 路面结构承载力

路面结构承载力检测项目与方法按表 1 执行。

表 1 路面结构承载力检测项目与方法

检 测 项 目	检 测 设 备	检 测 方 法	适用路面结构
弯沉	落锤式弯沉仪	JTG E60 T 0953	沥青路面、复合式路面
	自动弯沉仪	JTG E60 T 0952	
	贝克曼梁	JTG E60 T 0951	
传荷能力(弯沉差)	落锤式弯沉仪	JTG E60 T 0953	水泥混凝土路面、复合式路面
	贝克曼梁	JTG E60 T 0951	
注:检测设备与方法任选其中一种。			

6.3 路基状况

路基状况检测项目与方法按表 2 执行。

表 2 路基状况检测项目与方法

检 测 项 目		检 测 方 法	备　　注
路基承载力		JTG E60 T 0943 或 JTG E60 T 0953	采用路床顶承载板试验或采用路面顶动态弯沉反算
路基密实度		JTG C20 3.3	采用钻机干钻勘探,参考附录 A 中 A.2.2,分层取样检测
路基填料	颗粒分析	JTG E40 T 0115	
	含水率	JTG E40 T 0103	
	液限、塑限、塑性指数	JTG E40 T 0118	
	材料工程分类	JTG E40 T 0115、JTG E40 T 0118	

6.4 路面状况

路面检测项目与方法按表 3 执行。

表 3 路面状况检测项目与方法

检 测 项 目	检 测 方 法	适用路面结构
路面破损状况	路面综合检测车检测或人工调查	沥青路面、水泥混凝土路面、复合式路面
路面车辙	JTG E60 T 0973	沥青路面、复合式路面
路面内部缺陷	探地雷达检测、路面钻芯验证	沥青路面、水泥混凝土路面、复合式路面
路面结构层厚度	探地雷达检测、路面钻芯验证	沥青路面、水泥混凝土路面、复合式路面

表 3(续)

检测项目		检测方法	适用路面结构
旧路路面材料性能试验	沥青含量	JTG E20 T 0735	沥青路面、复合式路面
	面层矿料级配	JTG E20 T 0725	沥青路面、复合式路面
	面层劈裂强度	JTG E20 T 0716	沥青路面、水泥混凝土路面、复合式路面
	沥青针入度	JTG E20 T 0604	沥青路面、复合式路面
	沥青延度	JTG E20 T 0605	沥青路面、复合式路面
	沥青软化点	JTG E20 T 0606	沥青路面、复合式路面
	基层无侧限抗压强度	JTG E51 T 0805	沥青路面、水泥混凝土路面、复合式路面
注:基层内部损坏状况及结构层厚度检测方法参照附录 A 中 A.3、A.4;路面内部损坏状况钻芯取样检测应按附录 B 中表 B.3 进行记录;路面钻取的芯样应按附录 B 中表 B.4 进行记录。			

7 技术状况评价

7.1 评价

7.1.1 对运营期旧路路基路面典型病害成因、各养护方案的使用效果进行评价。

7.1.2 路面弯沉评价应符合 JTG H20 相关规定,传荷能力评价应符合 JTG D50 相关规定。

7.1.3 路基填料密实度、干湿状态、填料的物理力学参数评价应符合 JTG C20 相关规定。

7.1.4 路面车辙评价应符合 JTG H20 相关规定。

7.1.5 路面破损状况评价应符合 JTG H20 相关规定。

7.1.6 对沥青路面,应进行路面横向裂缝指数、横向裂缝平均间距、网裂面积率、修补面积率评价,并按附录 B 中表 B.1、表 B.2 进行统计。

横向裂缝平均间距(TCMS),按式(1)计算。

$$\mathrm{TCMS}=\frac{100}{\mathrm{TCI}} \tag{1}$$

网裂面积率(NCAR),按式(2)计算。

$$\mathrm{NCAR}=\frac{A_{\mathrm{NC}}}{A_{\mathrm{T}}}\times 100\% \tag{2}$$

修补面积率(PAR),按式(3)计算。

$$\mathrm{PAR}=\frac{A_{\mathrm{P}}}{A_{\mathrm{T}}}\times 100\% \tag{3}$$

式中:

TCI ——横向裂缝指数,条;

TCMS——横向裂缝平均间距,m;

NCAR——网裂面积率,%;

PAR ——修补面积率,%;

A_{NC} ——100m 路段内沥青路面网裂病害面积,m^2;

A_{T} ——100m 路段面积,m^2;

A_P ——100m 路段内沥青路面修补病害面积，m^2。

7.1.7 对水泥混凝土路面，应进行破损板率（BSR）评价，按式（4）计算。

$$BSR=\frac{N_{BS}}{N_T}\times 100\% \qquad (4)$$

式中：

BSR ——破损板率，%；

N_{BS} ——100m 路段内水泥板断板病害的板块数量，块；

N_T ——100m 路段内水泥板块的数量，块。

7.1.8 路面结构层厚度评价应按 JTG F80 中相关规定计算合格率，评价路面结构层厚度与设计厚度的一致性。

7.1.9 评价路面结构层内部损坏状况、病害发展层位及结构层层间结合状况。

7.2 评价范围、频率与单元

7.2.1 工程可行性研究阶段评价按表 4 执行。

表 4 工程可行性研究阶段评价

检测项目	评价范围	评价频率	评价单元
路面破损状况	行车道	连续检测	1km
路面弯沉	行车道	1 处/50m	1km
传荷能力（弯沉差）	行车道	1 处/200m	1km

7.2.2 初步设计阶段评价按表 5 执行。

表 5 初步设计阶段评价

检测项目		评价范围	评价频率	评价单元
路面破损状况		行车道	连续检测	1km
路面车辙		行车道	连续检测	1km
路面弯沉		行车道	1 处/50m	1km
传荷能力（弯沉差）		行车道	1 处/100m	1km
路面内部缺陷		行车道	统计具体病害段落连续检测	—
路面钻芯验证		行车道	1 孔/（4km・幅）	—
旧路路面材料性能试验	芯样结构层厚度	全幅芯样	满足试验要求	分层
	劈裂强度			
	基层无侧限抗压强度			

7.2.3 施工图设计阶段评价按表 6 执行。

表 6　施工图设计阶段评价

<table>
<tr><th colspan="2">检测项目</th><th>评价范围</th><th>评价频率</th><th>评价单元</th><th>备注</th></tr>
<tr><td colspan="2">路面破损状况</td><td>全部车道</td><td>连续检测</td><td>1km</td><td rowspan="6">拟利用的硬路肩或紧急停车带应检测，病害严重路段应增加检测频率</td></tr>
<tr><td colspan="2">路面车辙</td><td>全部车道</td><td>连续检测</td><td>1km</td></tr>
<tr><td colspan="2">路面弯沉</td><td>全部车道</td><td>1 处/20m</td><td>1km</td></tr>
<tr><td colspan="2">传荷能力(弯沉差)</td><td>全部车道</td><td>1 处/100m</td><td>1km</td></tr>
<tr><td colspan="2">路面结构层厚度(探地雷达)</td><td>全部车道</td><td>1 处/50m</td><td>—</td></tr>
<tr><td colspan="2">路面内部缺陷</td><td>全部车道</td><td>具体病害段落连续检测</td><td>—</td></tr>
<tr><td colspan="2">路面钻芯验证</td><td>行车道</td><td>1 孔/(1km·幅)</td><td>—</td><td rowspan="2">测点应结合典型病害情况，不宜平均分布</td></tr>
<tr><td colspan="2">路基承载力</td><td>行车道</td><td>1 处/4km</td><td>—</td></tr>
<tr><td colspan="2">路基密实度</td><td>行车道</td><td>1 处/500m</td><td>—</td><td rowspan="5">参考附录 A 中 A.2.2，分层检测</td></tr>
<tr><td rowspan="4">旧路路基填料性能试验</td><td>颗粒分析</td><td rowspan="4">各分层试样</td><td rowspan="4">按路基钻探孔数检测</td><td rowspan="4">分层</td></tr>
<tr><td>含水率</td></tr>
<tr><td>液限、塑限、塑性指数</td></tr>
<tr><td>材料工程分类</td></tr>
<tr><td rowspan="7">旧路路面材料性能试验</td><td>沥青含量</td><td rowspan="7">全幅芯样</td><td rowspan="7">满足试验要求</td><td rowspan="7">分层</td><td rowspan="7">路面大中修路段单独评价</td></tr>
<tr><td>面层矿料级配</td></tr>
<tr><td>面层劈裂强度</td></tr>
<tr><td>沥青针入度</td></tr>
<tr><td>沥青延度</td></tr>
<tr><td>沥青软化点</td></tr>
<tr><td>基层无侧限抗压强度</td></tr>
</table>

8　检测评价报告编制

8.1　编制内容

检测评价报告应包括：

a）工程项目概况；

b）检测项目；

c）检测依据；

d）技术状况评价。

8.2　检测数据编制

检测数据应包括：

a）各车道单点弯沉值统计表(符合 JTG H20 中的相关要求)、水泥混凝土板传荷能力统计表(如有)；

b） 路基回弹模量统计表、路基干湿状态及密实度统计表；

c） 各车道路面破损状况统计表（每千米、每百米，符合 JTG H20 中的相关要求）、各车道裂缝密集段落统计表（附录 B 中表 B. 1）、各车道路面裂缝病害详细统计表（附录 B 中表 B. 2）；

d） 各车道路面车辙统计（每十米，符合 JTG H20 中的相关要求）；

e） 路面厚度检测统计表（每千米、每百米）；

f） 路面结构层内部损坏状况统计表、路面内部损坏状况钻芯验证统计表（附录 B 中表 B. 3）；

g） 路面芯样试验结果统计表、钻芯检测汇总表（附录 B 中表 B. 4）。

附　录　A
（资料性附录）
检测项目与方法

A.1　沿线排水设施

A.1.1　调查公路两侧和中央分隔带的防水、排水设施的应用情况。

A.1.2　从排水设施的尺寸、位置、设置坡度和角度等方面，对其使用效果进行查验分析。

A.1.3　统计排水设施损坏、缺失情况。

A.2　路基状况检测及路基土室内试验

A.2.1　确定土样的液限、塑性指数和含水率，计算路基土的天然稠度，通过查表得到该路段路基干湿状态。

A.2.2　路基土密实度可采用标准贯入试验或圆锥动力触探试验确定，通过试验锤击数及路基土定性试验结果，查表得到该路段的路基土密实度，取样方法应符合以下原则：

a）粉土、黏性土应取原状样，在距路基顶 0m～10m 深度范围内取样间距宜为 1.0m，10m 以下取样间距宜为 1.5m，变层应立即取样；

b）砂土、碎石可取扰动样，取样间距宜为 2.0m，变层应立即取样；

c）层厚大于 5m 的同一土层，可在上、中、下层取样，取样后应立即进行动力触探试验。

A.3　路面基层状况检测

A.3.1　探地雷达天线频率宜选用 400MHz～500MHz。

A.3.2　路面基层典型病害分为基层不密实、基层脱空、基层沉陷。

A.4　路面结构层厚度

A.4.1　高速公路、一级公路宜选用频率为 900MHz～1GHz 的雷达天线；低等级公路宜选用频率大于 1GHz 的雷达天线。

A.4.2　路面病害成因分析主要基于现场钻取的芯样进行，钻芯检测时应符合以下原则：

a）在车辙波峰、波谷及同断面正常位置分别钻芯，通过测定芯样各层位厚度，分析路面车辙病害发生的层位和车辙类型；

b）骑缝钻芯，判断路面结构裂缝深度和破坏层位。

附 录 B
（资料性附录）
公路改（扩）建路面技术状况评定检测数据统计表（示例）

各车道裂缝密集段落统计表（示例）见表 B.1。

表 B.1 各车道裂缝密集段落统计表

序号	标 段	上下行方向	车道	起点桩号	终点桩号	病害类型	裂缝条数
1	1标	上行	行车道	K088+700	K088+800	横缝	6
2	1标	上行	行车道	K089+000	K089+100	横缝	6
3	2标	上行	行车道	K089+400	K089+500	横、纵缝	6
4							
5							
6							
7							
8							
9							
10							
11							
12							
13							
14							
15							
…							

各车道路面裂缝病害详细统计表(每百米)(示例)见表 B.2。

表 B.2 各车道路面裂缝病害详细统计表(每百米)(示例)

沥青路面破损调查表(0～500)											
路线名称	××高速	调查方向	上行	调查时间	2015.7.8	调查车道	行车道	起点桩号	K0+000	终点桩号	K0+500
调查内容		0～100		100～200		200～300		300～400		400～500	
横向裂缝	程度	长度(m)	位置	长度(m)	位置	长度(m)	位置	长度(m)	位置	长度(m)	位置
	轻	3.0	K0+010								
		3.75	K0+055								
	重	3.75	K0+025	3.75	K0+110						
		3.75	K0+085	3.75	K0+155						
		3.75	K0+090								
		3.75	K0+098								
纵向裂缝	程度	长度(m)	起点位置	长度(m)	起点位置	长度(m)	起点位置	长度(m)	起点位置	长度(m)	起点位置
	轻										
	重	15	K0+035 左	25	K0+120 中						
				10	K0+137 右						
龟裂/块裂	程度	面积(m^2)	位置	面积(m^2)	位置	面积(m^2)	位置	面积(m^2)	位置	面积(m^2)	位置
	轻										
	中										
	重	3	K0+077								
病害密集路段											

路面内部损坏状况钻芯验证统计表(示例)见表 B.3。

表 B.3 路面内部损坏状况钻芯验证统计表(示例)

序号	标段	上下行方向	桩号	车道	基层病害类型	外观描述		雷达检测图	取芯前病害照片	芯样照片	孔洞照片
						面层	基层				
1	1标	下行××方向	K155+604	行车道	基层不密实	上、中面层裂缝贯穿,下面层密实完好	基层松散,芯样无法取出				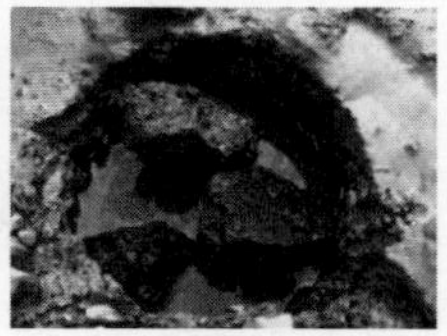
2											
3											
…											

现场钻芯检测统计表(示例)见表 B.4。

表 B.4 现场钻芯检测统计表(示例)

序号	标段	上下行方向	桩号	车道	面层病害类型	厚度(cm)		外观描述		取芯前病害照片	芯样照片	孔洞照片
						面层	基层	面层	基层			
1	1标	上行 ××方向	K153+210	行车道	横缝	4.3 6.0 10.5	—	上、中面层裂缝贯穿,下面层密实完好	上基层密实完好			
2	1标	上行 ××方向	K154+050	行车道	坑槽	— — 11.5	17.1	上、中面层修补,下面层完好	上基层密实完好			
3	1标	上行 ××方向	K154+304	行车道	纵缝	5.1 6.0 11.0	17.2 19.1	上、中、下面层裂缝贯穿	裂缝贯穿基层			
…												